U0392432

生命的旅程

小蝌蚪长大了

（美）苏珊娜·斯莱德/文　（美）杰夫·耶什/图　钱丽萍/译

北京时代华文书局

图书在版编目（CIP）数据

小蝌蚪长大了 / （美）苏珊娜·斯莱德文；（美）杰夫·耶什图；钱丽萍译. — 北京：北京时代华文书局，2019.5
（生命的旅程）
书名原文：From Tadpole to Frog
ISBN 978-7-5699-2957-7

Ⅰ. ①小… Ⅱ. ①苏… ②杰… ③钱… Ⅲ. ①动物—儿童读物 Ⅳ. ①Q95-49

中国版本图书馆 CIP 数据核字 (2019) 第 033067 号

From Tadpole to Frog Tree Following the Life cycle
Author: Suzanne Slade
Illustrated by Jeff Yesh
Copyright © 2018 Capstone Press All rights reserved.This Chinese edition distributed and published by Beijing Times Chinese Press 2018 with the permission of Capstone, the owner of all rights to distribute and publish same.
版权登记号 01-2018-6436

生 命 的 旅 程　小 蝌 蚪 长 大 了
Shengming De Lücheng Xiaokedou Zhangda Le

著　　者｜（美）苏珊娜·斯莱德 / 文；（美）杰夫·耶什 / 图
译　　者｜钱丽萍

出 版 人｜王训海
策划编辑｜许日春
责任编辑｜许日春　沙嘉蕊　王　佳
装帧设计｜九　野　孙丽莉
责任印制｜刘　银

出版发行｜北京时代华文书局 http://www.bjsdsj.com.cn
　　　　　北京市东城区安定门外大街 138 号皇城国际大厦 A 座 8 楼
　　　　　邮编：100011 电话：010-64267955 64267677
印　　刷｜小森印刷（北京）有限公司　　电话：010 — 80215073
　　　　　（如发现印装质量问题，请与印刷厂联系调换）
开　　本｜787mm×1092mm　1/20　　印张｜12　字数｜125千字
版　　次｜2019 年 6 月第 1 版　　　印次｜2019 年 6 月第 1 次印刷
书　　号｜ISBN 978-7-5699-2957-7
定　　价｜138.00 元（全 10 册）

版权所有，侵权必究

长腿跳跃者

　　青蛙是一种神奇的动物，它们有着不同的大小和颜色。这些强有力的跳跃者有着善于跳跃的长腿，还有用于游泳的蹼脚或部分蹼脚。青蛙只要快速地轻弹一下舌头，就能捕捉到美味的虫子。超过约5500种不同种类的青蛙生活在世界各地的潮湿地区，但它们都有着相同的生命周期。让我们以木蛙为例来了解一下它们的生命周期。

青蛙是两栖动物，同时也是冷血动物，有脊骨。它们既可以生活在水里，又可以生活在陆地上。

5

从水里到岸上

　　青蛙的生命最初只是水中的一只蝌蚪。后来，蝌蚪的身体发生了变化，因此它可以在陆地上生活。虽然青蛙可以跳得很远，但它们大多数都选择待在水域附近。然而，木蛙通常会在远离水域的地方寻找食物。

普通的青蛙大约可以跳91.4厘米远。牛蛙可以跳跃到身体长度的9倍远，大约可以跳1.1米远。美国南方蟋蟀蛙的身体只有2.5厘米长，但它可以跳跃约2.4米远！

青蛙的生命周期

青蛙的一生会经历许多变化。起初它只是一枚小小的卵，然后由卵孵化为蝌蚪。蝌蚪变成幼蛙，再由幼蛙长成为一只成年青蛙。雌性的成年青蛙再产卵。生命周期就又重新开始了。

卵

成年青蛙

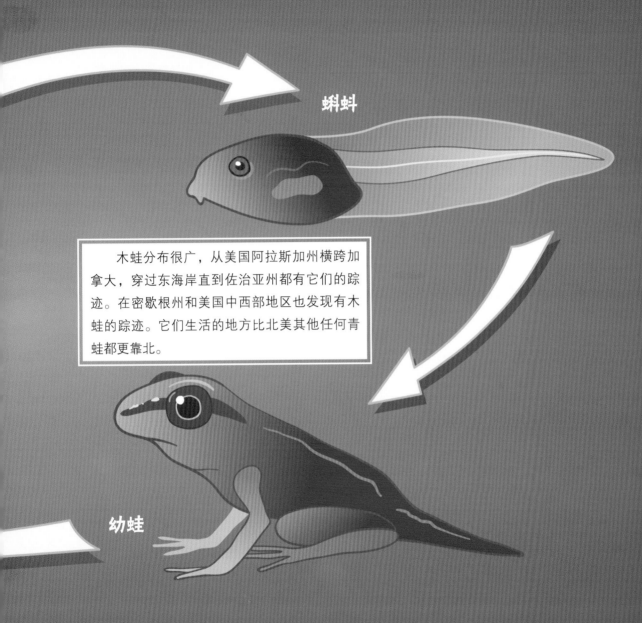

蝌蚪

　　木蛙分布很广，从美国阿拉斯加州横跨加拿大，穿过东海岸直到佐治亚州都有它们的踪迹。在密歇根州和美国中西部地区也发现有木蛙的踪迹。它们生活的地方比北美其他任何青蛙都更靠北。

幼蛙

大量的卵

　　早春时节，一只雌木蛙会寻找一个安静的池塘来产卵。它一次会产300~1500颗卵。它把卵产在其他雌性木蛙产的卵的附近。所有这些卵一起会形成一个巨大的集群。一群卵通常包含超过15万颗卵！

不同种类的蛙，一次产卵的数量也会不同。例如，一只三锯拟蝗蛙可以产20～100颗卵，而牛蛙则可以产1000～5000颗卵。

保护蝌蚪

在木蛙卵的中心位置，一只小蝌蚪开始生长了。它被一层厚厚的透明胶质膜包围着。胶质膜里有很多青蛙卵，它起到帮助卵保温的作用。

对科学家们来说，研究生长中的蝌蚪很容易。他们可以透过围绕在外面的透明胶质膜看到里边的每颗卵。了解蝌蚪如何生长也可以帮助科学家了解其他动物的生长和变化。

13

蝌蚪

　　大约两周后，一只棕褐色的蝌蚪就会从卵中孵化出来。蝌蚪通过左右摆动长尾在池塘里游动，通过隐藏在薄薄的皮肤层下面、位于头部两侧的鳃进行呼吸。蝌蚪会吃大量的食物，并且生长速度飞快。

大多数蝌蚪吃一种叫作水藻的小生物。蝌蚪用它们一排排的小牙齿从池塘底部的物体上把水藻刮下来。

15

蜕变

蝌蚪的身体会经历许多变化。首先，蝌蚪长出后腿。接着，蝌蚪长出肺，同时它们的鳃消失。肺可以让蝌蚪从空气中获取氧气。最后，前腿开始出现。这些变化叫作"完全变态"发育。

蝌蚪

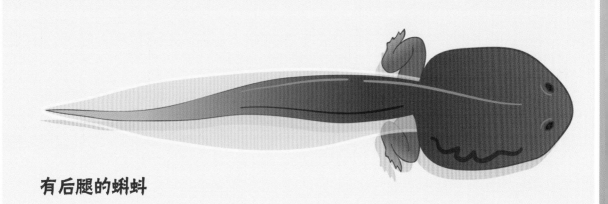

有后腿的蝌蚪

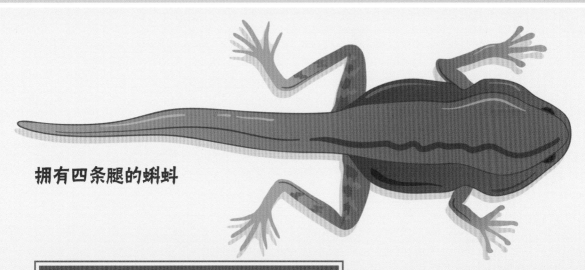

拥有四条腿的蝌蚪

在蝌蚪的最后阶段，四条腿全部都长了出来。此时它们的后腿有五个脚趾，前腿只有四个脚趾。

17

生活在岸上

　　一旦蝌蚪的四条腿都长全，它的尾巴便开始收缩。蝌蚪离开水变成了幼蛙。当一只幼年木蛙在寻找昆虫来吃时，它便尝试在陆地上用新腿爬行。幼年木蛙大部分时间都待在树林里，但它也会回到水里。一旦幼蛙的尾巴消失，"变态"就正式完成了。

　　木蛙吃甲虫和苍蝇之类的昆虫。木蛙的舌头有一半是被叠在它的嘴巴里的。当它饿的时候，它就会快速地伸出舌头去抓住飞行的"美食"。

生命周期重新开始

　　木蛙在2岁左右就算成年了。早春时节，木蛙会跳到附近的池塘里交配。雄蛙大声鸣叫以吸引雌蛙。交配后，雌蛙将卵产在池塘里，木蛙新一轮的生命周期就又开始了。

青蛙的交配时间并不固定，它们必须等待合适的气候和水温。但木蛙通常在3月或4月交配。

21

木蛙的生命周期

1. 卵
8~30天

2. 蝌蚪
40~90天

3. 幼蛙
1~2年

4. 成年青蛙
2～6年

有趣的冷知识

★木蛙以其黑色的"面具"和背部的褶皱而闻名。它们也是最早开始繁殖的蛙类，通常在冰雪还没有完全融化时就会进入池塘。

★青蛙生命周期的长短取决于水温。例如，在冷水中放置的木蛙卵孵化需要1个月的时间；在温暖的水中放置的卵则可能会在8天内孵化。冷水也会减缓蝌蚪和青蛙的生长速度。

成年木蛙

★青蛙不需要喝水，因为它们可以通过皮肤吸收水分。

★大多数青蛙在冬天都会进入沉睡的冬眠状态。在冬眠的时候，青蛙靠消耗储存在体内的充足营养维持生命。

★世界上有很多特殊的青蛙。歌利亚蛙重达3.2公斤，这个巨大的跳跃者生活在非洲。华莱士飞蛙是一种小型的绿色青蛙，它可以用自己的黑色蹼足作为翅膀，从一棵树上滑翔到另一棵树上。

★青蛙经常蜕皮，有些青蛙每隔几天就会蜕皮，还有些青蛙数周都不会蜕皮。大多数青蛙都会吃掉蜕出的旧皮。